CB056949

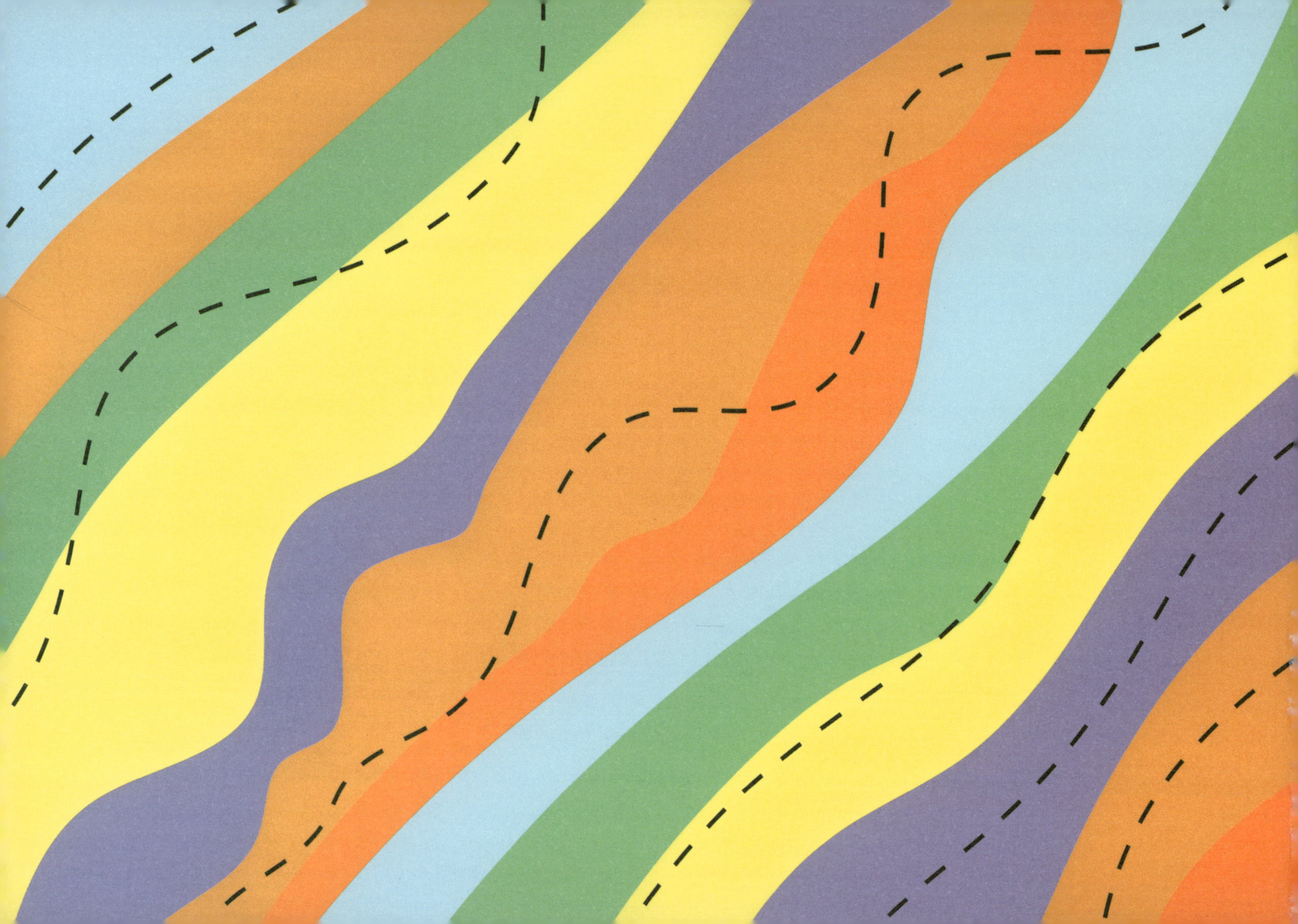

MEU MUNDO ANIMAL

maximillian

Copyright © 2021 por Maximillian de Orleans e Bragança

São os direitos autorais de quem escreveu o livro

é a pessoa que escreveu o livro

Todos os direitos desta publicação reservados à Maquinaria Editorial.

Este livro segue o Novo Acordo Ortográfico de 1990.

Quem organizou o processo de publicar o livro

É vedada a reprodução total ou parcial desta obra sem a prévia autorização, salvo como referência de pesquisa ou citação acompanhada da respectiva indicação. A violação dos direitos autorais é crime estabelecido na Lei n. 9.610/98 e punido pelo artigo 194 do Código Penal.

Este texto é de responsabilidade do autor e não reflete necessariamente a opinião da Maquinaria Sankto Editoria e Distribuidora Ltda.

Diretor Executivo
Guther Faggion

É quem coordena todo mundo que trabalha no livro

Diretor de Operações
Jardel Nascimento

É quem coloca o livro nas lojas

Diretor Financeiro
Nilson Roberto da Silva

É quem cuida das contas do livro

Editora Executiva
Renata Sturm

Editora
Gabriela Castro

Assistente
Vanessa Nagayoshi

São as pessoas que ajudam o autor a criar o livro

Direção de Arte
Rafael Bersi, Matheus Costa

São as pessoas que montam o livro no computador

Pesquisa Biológica
Fernando Jacinavicius, Fernanda Rios

São as pessoas que estudam os animais

Avaliação pedagógica
Lisandra Oliveira da Silva

É quem estuda as crianças

Revisão
Maurício Katayama

É quem corrige o texto

DADOS INTERNACIONAIS DE CATALOGAÇÃO NA PUBLICAÇÃO (CIP)
ANGÉLICA ILACQUA — CRB-8/7057

BRAGANÇA, Maximillian de Orleans e
   Meu mundo animal / Maximillian de Orleans e Bragança.
São Paulo: Maquinaria Sankto Editoria e Distribuidora Ltda., 2021.
   128p.
   ISBN 978-65-88370-34-6
   21-4806

É o "RG" do livro

1. Literatura infantojuvenil brasileira
2. Animais - Literatura infantojuvenil I. Título

ÍNDICE PARA CATÁLOGO SISTEMÁTICO:
1. Literatura infantojuvenil brasileira   CDD-028.5

maquinaria EDITORIAL

R. Ibituruna, 1095 – Parque Imperial,
São Paulo – SP – CEP: 04302-052
www.mqnr.com.br

Dedico este livro ao meu pai, Luiz Philippe, à minha mãe, Fernanda, e aos meus avós: vovô Miguita, vovó Kessae, vovô Eudes (que está no céu), vovó Ana Maria e tio Be (que é o marido da minha vovó Ana Maria).

Bicho, bicho. Por que eu gosto de bicho?

Bicho, bicho. Por que você gosta de mim?

Bicho, bicho. Eu quero que você goste deste livro.

Este é um livro sobre bichos. Eu o organizei em ordem alfabética e, para cada letra, há um ou mais animais. Você irá encontrar alguns bichos estranhos, alguns fofos, outros perigosos, grandes e até microscópicos. Além dos textos, fiz também as ilustrações para cada um deles, porque gosto muito de desenhar. Espero que você goste do livro e aprenda muito.

Maximillian

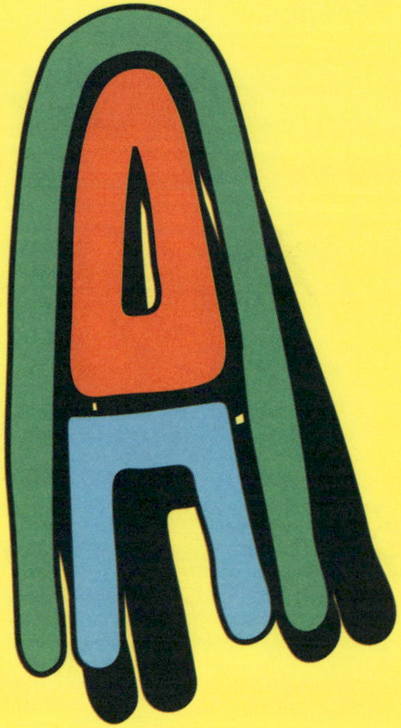

VOCÊ SABIA?
As larvas (abelhas bebês) se alimentam do vômito das abelhas

Abelha-africanizada

A abelha-africanizada é uma das abelhas mais agressivas do mundo, que vive nas Américas e ataca somente quando as pessoas chegam muito perto, pois se sente ameaçada. Ela é uma mistura da abelha europeia com a africana. Assim como as outras abelhas, ela também constrói sua colmeia em forma de hexágonos. Todas as abelhas que trabalham na colmeia são filhas da rainha. E, agora, prepare-se! A informação que você irá ler pode ser um pouco nojenta: o mel que alimenta as larvas (abelhas bebês) quando elas nascem vem do vômito das abelhas!

Avestruz

VOCÊ SABIA? Um avestruz consegue viver mais de 50 anos.

Você sabe qual é a maior ave viva do mundo? É o avestruz! O seu ovo é o maior de todos, e ele mora em muitas regiões da África. Ainda que um avestruz seja uma ave, ele não voa, pois é muito pesado (pode chegar a 150 kg!). Ele tem ossos muito grandes, um pescoço longo e asas pequenas. Todo mundo sabe que pássaros não têm dentes, mas, como o avestruz é um onívoro, ou seja, come tanto plantas quanto carne, ele precisa de alguma coisa para mastigar a sua comida. Então, ele pega pedrinhas do chão para conseguir esmagar as cascas de insetos e outros bichos menores e, assim, fazer uma boa digestão. Ele costuma se alimentar de grama, insetos e sementes.

Você sabia que o olho do avestruz é maior que o de um elefante ou de uma girafa? Além disso, também é maior que o cérebro dele! Não é verdade que ele coloca a cabeça dentro de um buraco, mas ele abaixa sua cabeça para comer e para ouvir os sons dos possíveis predadores.

Muitos bichos e pessoas usam camuflagem para se esconder. Você sabia que um pássaro também tem mecanismos para se camuflar? Algumas aves só têm a camuflagem quando são fêmeas, mas o avestruz tem essa defesa tanto com a fêmea quanto com o macho. Por quê? Porque as cores da fêmea geralmente são mais parecidas com as cores do habitat, para ela ficar em cima dos ovos, cuidando dos filhotes durante o dia. Assim, fica mais difícil para o predador distingui-la do ambiente. E o macho tem uma cor mais escura para cuidar dos ninhos à noite.

Todo bicho do mundo tem um tipo de defesa, como o spray bem forte e fedido do gambá, a casca dura da tartaruga, o espinho afiado do porco-espinho e o dique do castor. E que tal o avestruz? Uma de suas defesas mais comuns é a corrida. O avestruz é muito rápido. Dá para perceber isso porque ele consegue correr a até 70 km/h, mas não é o animal terrestre mais rápido do mundo, já que esse posto é ocupado pelo guepardo, que consegue correr a até 120 km/h. Mas, se o predador consegue pegar o avestruz, ele tem outra defesa. Sabe como é um coice? O avestruz também dá coices, como os cavalos!

Arara

Você conhece todas as cores, né? Azul, verde e vermelho. Pois tem um bicho que consegue ser de todas as cores! O nome dele é arara. E você sabia que o papagaio é da mesma família da arara? A arara geralmente é maior do que ele, porém ambos vivem em florestas tropicais. Você sabia que a arara é o tipo de pássaro mais inteligente que existe? É verdade! Ela consegue copiar o que as pessoas falam, e o cérebro dela, apesar de ser do tamanho de uma noz, faz com que ela possa ser tão esperta quanto os primatas.

Às vezes, algumas araras comem frutas venenosas, mas elas têm um mecanismo que faz com que sobrevivam: de manhã, as araras engolem um pouco de argila, que elimina o veneno das frutas que comem.

O bico da arara é tão forte que consegue quebrar frutas que são muito duras! Além disso, ela também utiliza seu bico para proteger o ninho, afastando os predadores.

VOCÊ SABIA?
O papagaio é da mesma família da arara

13

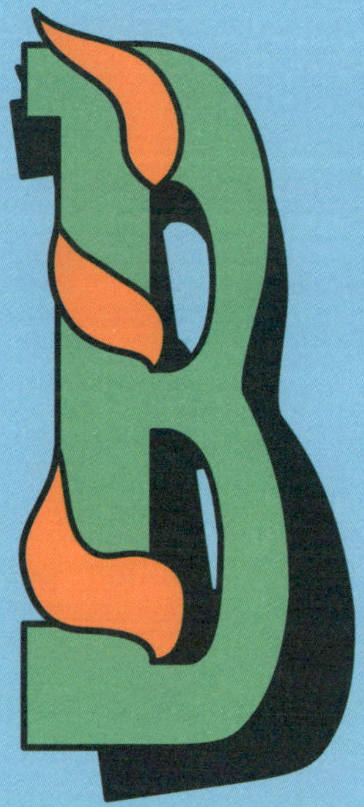
B

Baiacu

Se um dia você for ao Japão e quiser comer um peixe chamado baiacu, minha sugestão é não fazer isso, porque ele é um dos peixes mais venenosos do mundo! Mas o único jeito pelo qual o baiacu consegue envenenar para matar pessoas é se for comido por elas.

Ele é um tipo de peixe perigoso, mas algumas pessoas pensam que ele é inofensivo. Quando está com medo, o baiacu enche o estômago de água e vira algo parecido com um balão. Quando ele fica nessa forma, os espinhos dele saltam para fora do corpo, e ele fica parecido com um porco-espinho. Essa forma de balão é também um mecanismo de defesa para impedir que o predador o coloque na boca. Existem várias espécies de baiacu no mundo, e eles moram nos oceanos Índico, Pacífico e Atlântico.

ATENÇÃO! Esse peixe é venenoso e pode até matar uma pessoa

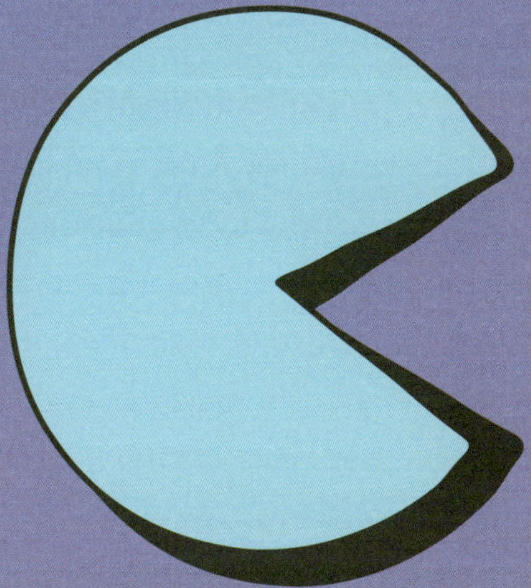

Castor

O castor é um bicho muito bom em construir coisas. Ele procura um rio e faz um lago artificial utilizando madeira e lama – essa construção se chama "dique". O lago é muito importante para o castor, porque, quando um predador se aproxima, o castor mergulha para se esconder. Além disso, ele utiliza seu rabo para bater na água e, assim, comunicar os demais castores que um predador está perto.

O dente do castor funciona como uma ferramenta para ele fazer suas construções e se alimentar. Ele é dividido em duas partes: a laranja, que fica do lado de fora, é a mais dura; e a branca, que fica por dentro, é mais mole. Quando ele corta as árvores, a parte mais sensível (a branca) vai ficando cada vez mais afiada. E a parte laranja, que é mais dura, demora para quebrar e protege a parte branca. Então, quanto mais o castor rói, mais afiado fica o dente dele. Pode ser que você esteja pensando: "O que será que o castor come?". O castor come a parte mais mole das cascas, ramos e folhas de árvore.

PROCURAM-SE
Castores para construir um dique

Coiote

O coiote não tem frescura para comer: ele gosta de coelhos, cervos, pássaros, répteis pequenos, peixes, gado e todo tipo de carniça que encontrar. Além disso, ele também não dispensa frutas e grama. O coiote faz parte do grupo dos canídeos (ou seja, ele é parente dos cachorros e lobos) e é muito adaptável aos ambientes.

Mora em todos os lugares da América do Norte e Central. Você também pode ter ouvido falar dele pelo nome "chacal americano". Ele prefere ficar sozinho, mas, às vezes, anda em matilha. O coiote vive, em geral, cerca de 6 anos. Ele tem uma audição tão boa que consegue escutar até bichos embaixo da terra e é muito bom na camuflagem.

VOCÊ SABIA? O coiote consegue escutar até bichos embaixo da terra

Coelho

Neste livro, temos alguns animais que podem ser considerados pets, mas o que está nesta página é o mais comum e o mais fofinho de todos: o coelho. Ele é um mamífero, o que significa que tem pelos, que o ajudam a se proteger e manter a temperatura, e que dá leite para seus nenês. Antigamente, os biólogos classificavam os coelhos como roedores, mas hoje são da ordem Lagomorpha. As características mais comuns do coelho são suas orelhas, dentes e pernas longas. Com suas pernas, ele consegue correr muito (por volta de 70 km/h) quando um inimigo o persegue e saltar muito alto.

Os coelhos são ótimos escavadores. Às vezes, chegam a construir suas próprias tocas; em outras ocasiões, eles aproveitam as tocas abandonadas por outros animais. Eles costumam fazer dessas tocas bons esconderijos. As pessoas geralmente confundem coelhos com lebres – afinal, podem ser bastante parecidos –, mas há diferenças entre eles: por exemplo, os coelhos costumam ser menores que as lebres.

Além disso, o coelho, assim que nasce, não consegue enxergar, já a lebre, sim. Embora muitas pessoas imaginem que os coelhos são

VOCÊ SABIA?
O coelho pode correr a 70 km/h

normalmente brancos, na verdade os selvagens são marrons ou cinza. E eles também têm uma pelagem macia e grossa. Os brancos geralmente são aqueles que foram domesticados. Eles costumam medir entre 40 e 45 cm e pesam entre 2 e 3 kg.

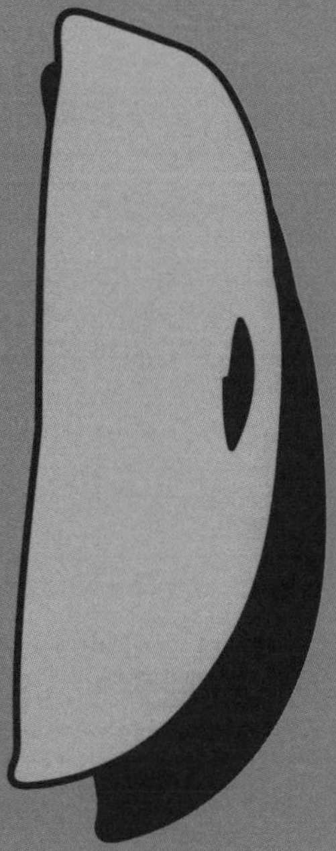

ALERTA
Este animal está
em perigo de extinção

Dragão-de-komodo

Os dragões não existem na vida real, mas existe um animal que tem o mesmo nome: o dragão-de-komodo. Esse tipo de bicho mora apenas na Indonésia e tem esse nome porque apresenta muitas características que o dragão também tem, como cauda longa e forte, dentes afiados e o corpo tão duro quanto uma armadura. Você deve estar pensando: "Mas os dragões cospem fogo!". Só que esse "dragão" da Indonésia tem uma arma mais potente: quando acha comida, ele tenta não ser visto pela sua presa e ataca de repente, mordendo qualquer parte do corpo do animal. Mesmo quando o bicho foge, se o dragão-de-komodo conseguiu mordê-lo, ainda que não tenha conseguido arrancar de fato um pedaço, ele deixa no animal um pouco de veneno. Isso acontece porque a saliva do dragão-de-komodo é venenosa, então, quando ele morde a presa, a substância vai se espalhando por todo o corpo do bicho. Infelizmente, esses dragões incríveis estão em perigo de extinção.

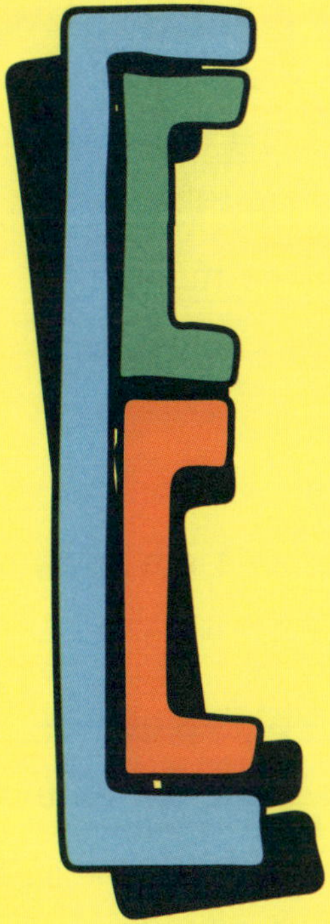

Elefante

Elefantes são mamíferos, o que significa que têm sangue quente e produzem leite. Eles são os maiores animais terrestres do mundo e podem medir 4 m de altura e pesar 12 mil kg! Existem dois tipos de elefantes com nomes dos continentes em que vivem: Ásia e África. O elefante africano vive em planícies e em savanas. O asiático vive no sul da Ásia e na Índia.

Os elefantes têm um membro chamado tromba, que é a combinação do lábio e do nariz. A tromba termina em lóbulos, uma estrutura que se parece com dedinhos: o africano tem 2 lóbulos e o asiático tem 1. Os dedos são tão sensíveis que conseguem pegar uma folha ou uma fruta, mas a tromba é forte o suficiente para arrancar galhos de uma árvore. Ela ajuda o

VOCÊ SABIA? Um elefante pode pesar 12 toneladas

elefante a beber água, sugando e jorrando para dentro de sua boca.

Alguns elefantes têm presas pontudas, que são dentes que nunca param de crescer. Elas são ferramentas para escavar, para passar por entre a mata densa e para se proteger. A orelha tem uma camada fina de pele com veias. Quando as orelhas batem, formam uma espécie de brisa que regula sua temperatura, e eles não ficam com tanto calor. Sua pele é forte e grossa. Suas pernas são longas, seus pés são retos e amplos e embaixo deles tem uma espécie de almofada.

Os elefantes são tão inteligentes quanto os primatas e os golfinhos. O cérebro deles é o maior e mais complexo de todos os bichos da Terra. Isso explica por que sua memória é tão boa. E eles conseguem sentir emoções. O grupo dos elefantes se chama manada e os machos só ficam junto da manada quando é época de namorar. Eles conseguem se comunicar mesmo estando a 10 km de distância, fazendo um estrondo que vai viajando pelo chão. O barulho que eles fazem com as trombas consegue expressar se eles estão felizes, bravos ou tristes.

Como os elefantes são grandes, eles comem muito: um elefante come cerca de 5% do seu peso corporal por dia. Eles comem folhas, galhos, grama, casca de árvore e qualquer tipo de fruta que encontram.

Os elefantes estão em perigo de extinção, porque seus dentes são feitos de um material chamado marfim: ele é muito precioso e utilizado para fazer várias coisas.

f

Falcão-peregrino

O falcão-peregrino é o bicho mais rápido do mundo inteiro. Você sabe como ele consegue ser assim? Primeiro, ele vai bem alto para o céu. Como ele tem uma visão muito boa, consegue ver pássaros lá embaixo. Quando acha uma presa, ele inclina o corpo e parece um torpedo caindo do céu. O falcão-peregrino consegue mergulhar a 400 km/h, fazendo com que seja o mais rápido do mundo animal.

Você consegue ver esse bicho em todos os continentes do mundo, menos na Antártica. Esse tipo de falcão costuma morar em penhascos, mas às vezes pode construir seu ninho em prédios. Ele costuma comer pássaros de tamanho médio e geralmente ataca os mais lentos. Ele é bastante raro de ser visto, já que mora em penhascos. O falcão-peregrino faz parte do grupo das aves raptores, que inclui abutres, gaviões, corujas, águias e, claro, falcões.

VOCÊ SABIA? O falcão-peregrino é o bicho mais rápido do mundo inteiro: ele consegue mergulhar a 400 km/h

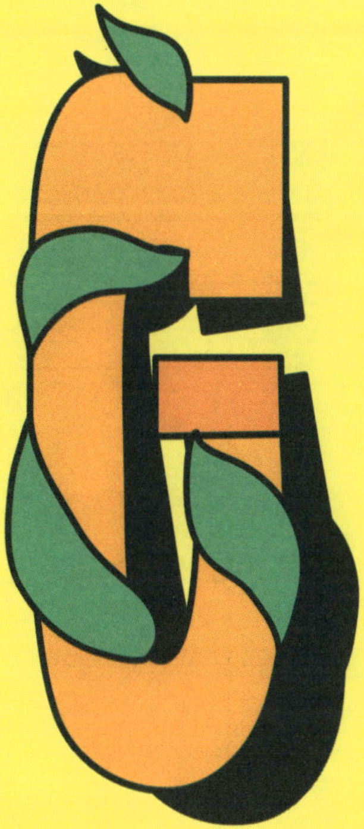

40

Girafa

VOCÊ SABIA?
O pescoço da girafa é 45 vezes maior que o dos humanos

Esse é o bicho mais alto do mundo e é visto apenas na África. Você sabe por qual motivo a girafa tem aquelas pintas marrons? Ela usa para fazer camuflagem, assim, nenhum predador, como o leão, consegue encontrá-la. Além disso, ela tem sete ossos dentro do pescoço, que é 45 vezes maior que o dos humanos. Mas você pode estar pensando: "Por que a girafa tem um pescoço tão longo?". Uma razão é para ver um predador de longe. Outra razão é porque ela consegue alcançar as folhas mais altas das árvores.

Além disso, quando a girafa macho quer atrair uma fêmea, ele precisa lutar contra outro macho para isso. Então, eles usam o pescoço como se fosse uma espada. Mas os cientistas ainda precisam investigar mais sobre por que a girafa tem um pescoço tão grande.

A girafa tem uma língua adaptada para conseguir pegar as folhas e os galhos entre os espinhos das acácias. Além disso, ela é roxa. Você sabe por qual motivo? É porque a girafa é muito alta, então precisa de mais sangue para alcançar todas as partes do corpo, o que deixa a língua com coloração roxa.

H

Hipopótamo

Muitos animais vivem nos rios da África. Por isso, você nunca sabe o que está embaixo da água. E, se você entrar no território dos hipopótamos, pode ser que seja atacado, porque eles não gostam de qualquer tipo de bicho perto do habitat deles.

Você pode estar pensando: "Será que os hipopótamos ficam o dia todo embaixo da água?". Na verdade, não! Quando o sol está se pondo, os hipopótamos ficam na terra. Isso acontece porque durante o dia eles não conseguem sobreviver ao calor, então eles se refrescam embaixo da água. À noite, os hipopótamos saem para comer a comida favorita deles: grama. Quando o sol nasce, eles voltam para a água.

Os hipopótamos têm presas que conseguem atingir o tamanho de 50 cm. Um hipopótamo consegue ser mais rápido do que as pessoas comuns: eles correm a cerca de 30 km/h. Além disso, eles vivem em média 50 anos.

Os hipopótamos costumam matar aproximadamente 300 pessoas por ano. Há algumas dicas de como não ser atacado por um hipopótamo se estiver viajando pelos rios africanos:

1) não entre nos arbustos quando a água estiver baixa, pois os hipopótamos costumam ficar lá; 2) não entre no território de hipopótamos; e, 3) se um hipopótamo estiver correndo atrás de você, suba em uma árvore ou em alguma coisa na qual o hipopótamo não consiga te alcançar. Fique lá por algum tempo, até que ele vá embora. Agora que você já sabe mais sobre esse bicho, cuidado para não ser atacado por um hipopótamo!

CUIDADO!
Se você encontrar um hipopótamo, suba em uma árvore

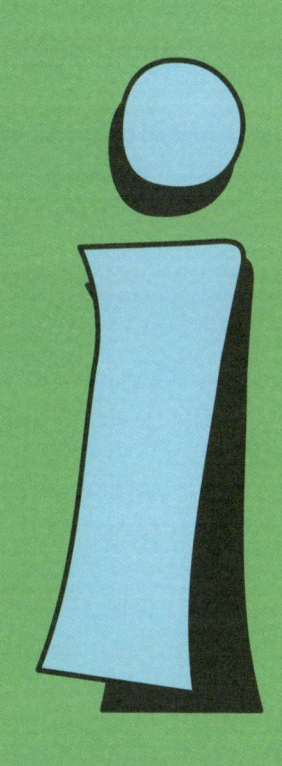

ALERTA
Este animal está
em perigo de extinção

Iguana-verde

Se você estiver no rio Amazonas, vai encontrar diversos bichos. Você pode ver peixe-boi, boto-cor-de-rosa e macacos. Mas pode ser que você nunca tenha visto um bicho que está sempre lá: a iguana-verde. Ela tem esse nome porque a cor dela é uma camuflagem para que os predadores, como a harpia, não a encontrem. Mas, se isso não funcionar, a iguana-verde tem outro mecanismo: pernas quase iguais às do sapo ou da rã. Ela consegue pular dentro do rio e então ficar submersa até que o predador vá embora.

A iguana fêmea coloca os ovos na areia ou em folhas secas, e a casca de seus ovos é mole. É a temperatura do ambiente que determinará se o filhote dentro do ovo será macho ou fêmea. Se for acima de 27,5°C, será macho; se for abaixo de 27,5°C, será fêmea.

A iguana-verde possui o olho pineal, popularmente conhecido como terceiro olho, mas os cientistas ainda não descobriram exatamente para que ele serve. Além disso, ela apresenta dentes minúsculos com pontas afiadas.

J

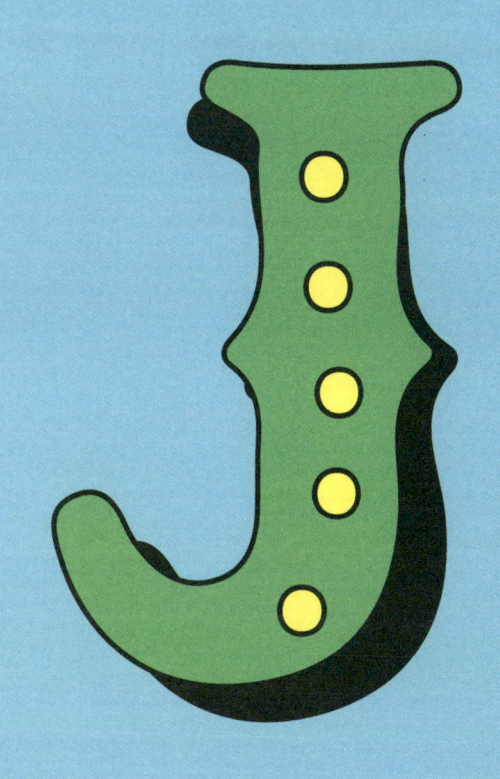

Javali-africano

O javali-africano é o javali de aparência mais estranha do mundo, já que possui corpo de barril, cabeça em formato de pá, presas gigantes e um monte de verrugas. Ele é muito agressivo, principalmente quando protege seus filhos. As fêmeas vivem em pequenos grupos com seus filhotes, e os machos geralmente vivem sozinhos. O javali tem hábitos noturnos. É onívoro e prefere comer vegetais, pastos e tubérculos, mas pode comer minhocas e outros pequenos animais.

O javali-africano é muito veloz, podendo correr a até 50 km/h apesar do seu peso, que pode chegar até 150 kg. O olfato dele é muito aguçado, mas a visão é falha. Como não enxerga direito, pode atacar qualquer um que se aproxima. Então, se você ver um javali-africano, é melhor correr. Ele habita a África e prefere as savanas.

Você sabia que no Brasil existe o javaporco gigante? O javali não é nativo do Brasil, mas foi introduzido por agricultores no sul do país.

Ele procriou com os porcos e os descendentes ficaram gigantes. Por estarem fora do seu habitat natural, eles não têm predadores e, aqui, encontraram condições ótimas para seu desenvolvimento. Há mais de 200 mil javaporcos no nosso país, principalmente nos estados do Rio Grande do Sul, Santa Catarina, Mato Grosso, Mato Grosso do Sul e sul da Bahia. Esses animais causam muitos danos à biodiversidade e às plantações.

VOCÊ SABIA? O javali gosta de comer minhocas

K

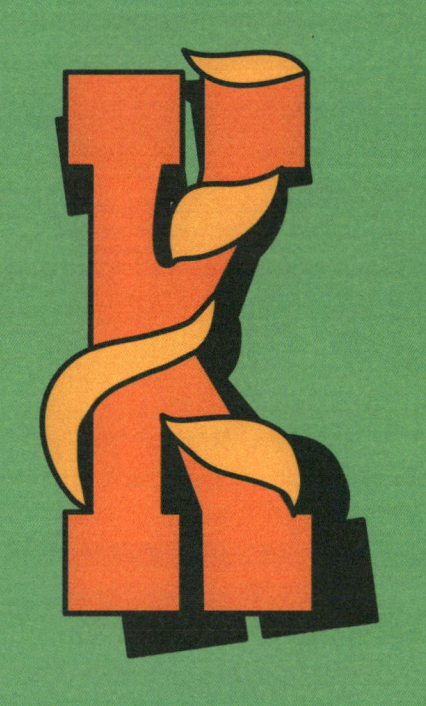

Kiwi

Você conhece o kiwi? Não é da fruta que estou falando, mas sim do pássaro. Aliás, a fruta kiwi foi denominada assim em homenagem ao pássaro, que é originário da Nova Zelândia. Ele é uma ave pequena que não voa (por essa característica, leva a denominação de ave ratita). Possui bico longo e plumagem que se assemelha a pelos. Esse animal tem narinas na extremidade do bico, que lhe dão um bom olfato. Ele sabe nadar, tem hábitos noturnos e se alimenta basicamente de frutas e invertebrados.

Essa ave passa toda a vida com um único parceiro. A fêmea do kiwi bota um ovo que é muito grande, equivalente a cinco ovos de galinha. Os filhotes já nascem cobertos de penas e capazes de caminhar e se alimentar sozinhos, sem precisar da ajuda dos pais.

O kiwi tem cheiro de cogumelo. Isso mesmo, cheiro de cogumelo! E, por não voar, torna-se uma presa fácil. Aliás, os predadores do kiwi são os animais que os homens levaram quando chegaram na Nova Zelândia, como cães, gatos e ratos. Isso porque lá na Nova Zelândia originalmente não existia nenhum mamífero terrestre.

!
ALERTA
Este animal está em perigo de extinção

L

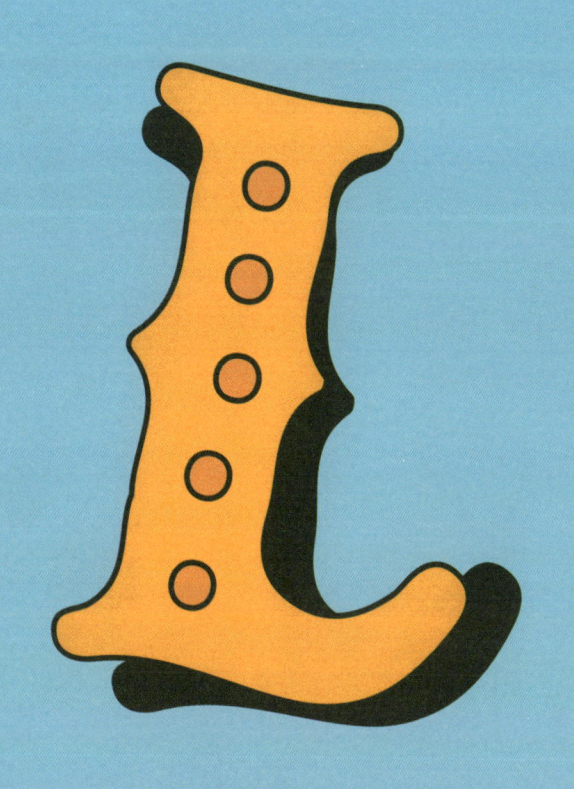

!

ALERTA
Este animal está
em perigo de extinção

Lontra

Lontra é o meu animal favorito. Vou te contar o motivo: é um mamífero da família da doninha e do furão. Ela é carnívora e passa boa parte da vida na água. Mas, enquanto a lontra-marinha passa a vida toda no mar, as demais espécies vivem em água doce. No Brasil, existem dois tipos de lontra: a lontra-gigante, ou ariranha, e a lontra-neotropical.

A lontra possui o pelo mais denso dentre todos os animais. Ela tem corpo alongado e esguio, além de membranas entre os dedos e cauda robusta que lhe permite nadar com maestria. A lontra se alimenta de peixes, crustáceos, pequenos mamíferos, répteis e anfíbios. Ela vive em grupos de aproximadamente 15 indivíduos. Eles são encontrados em todos os continentes, exceto na Oceania e Antártica. Das 13 espécies de lontra, a mais rara é a lontra-nariz-peludo, que é originária da Malásia. Infelizmente, todas as espécies encontram-se em extinção.

m

Morcego-vampiro

De todas as espécies de morcego, apenas 3 se alimentam de sangue, sendo que 2 espécies atacam aves e somente 1 espécie ataca os mamíferos. Os morcegos-vampiros são mamíferos noturnos que vivem em colônias dentro de cavernas, grutas ou fendas em pedras. Esses animais possuem sensores térmicos perto do nariz que os ajudam a encontrar as veias do animal. A saliva tem um anticoagulante e uma substância anestésica que reduz a chance de o animal sentir alguma dor na hora da mordida. Os dentes pontudos e afiados permitem que os morcegos perfurem a pele sem danificar o tecido. No intestino dos morcegos-vampiros, existem bactérias que o ajudam a digerir todo o sangue, e eles podem viver somente desse tipo de alimento. Esses animais vivem apenas na América Latina. Então, cuidado, pois se achar que viu um deles aqui no Brasil, pode ser que seja mesmo um morcego-vampiro.

VOCÊ SABIA? O morcego-vampiro se alimenta de sangue e vive no Brasil

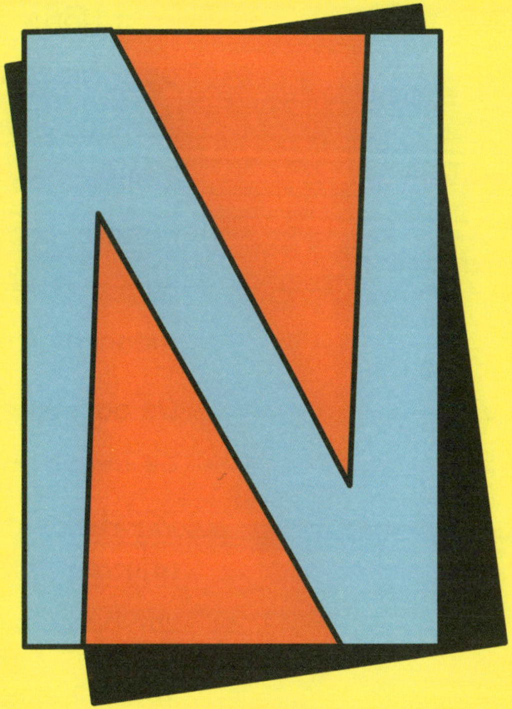

Narval

Narval é uma baleia da família da beluga, conhecido como unicórnio-do-mar, porque o macho dessa espécie – e, raramente, a fêmea também – possui um chifre que sai da sua testa. Esse chifre, na verdade, é um dente com várias terminações nervosas de até 3 m de comprimento. Sua função ainda é uma incógnita para os pesquisadores, mas eles acreditam que pode ser para atrair a fêmea.

Os narvais vivem em grupo e habitam as águas da Groenlândia, do Canadá, da Rússia e da Noruega. São animais tímidos, e os pesquisadores sabem pouco sobre eles. Acredita-se que eles estejam na Terra há 1 milhão de anos. Essas baleias nascem cinza e, com o passar do tempo, começam a clarear, podendo ficar brancas com manchas cinza.

Os narvais estão entre os mergulhadores de maior profundidade do mundo animal, podendo mergulhar até 1600 m. E eles utilizam uma espécie de sonar para localizar buracos no gelo para respirar.

Você sabia que as baleias narvais podem ter o tamanho de um ônibus escolar e que alguns machos possuem 2 chifres?

VOCÊ SABIA?
O narval pode mergulhar até 1600 m

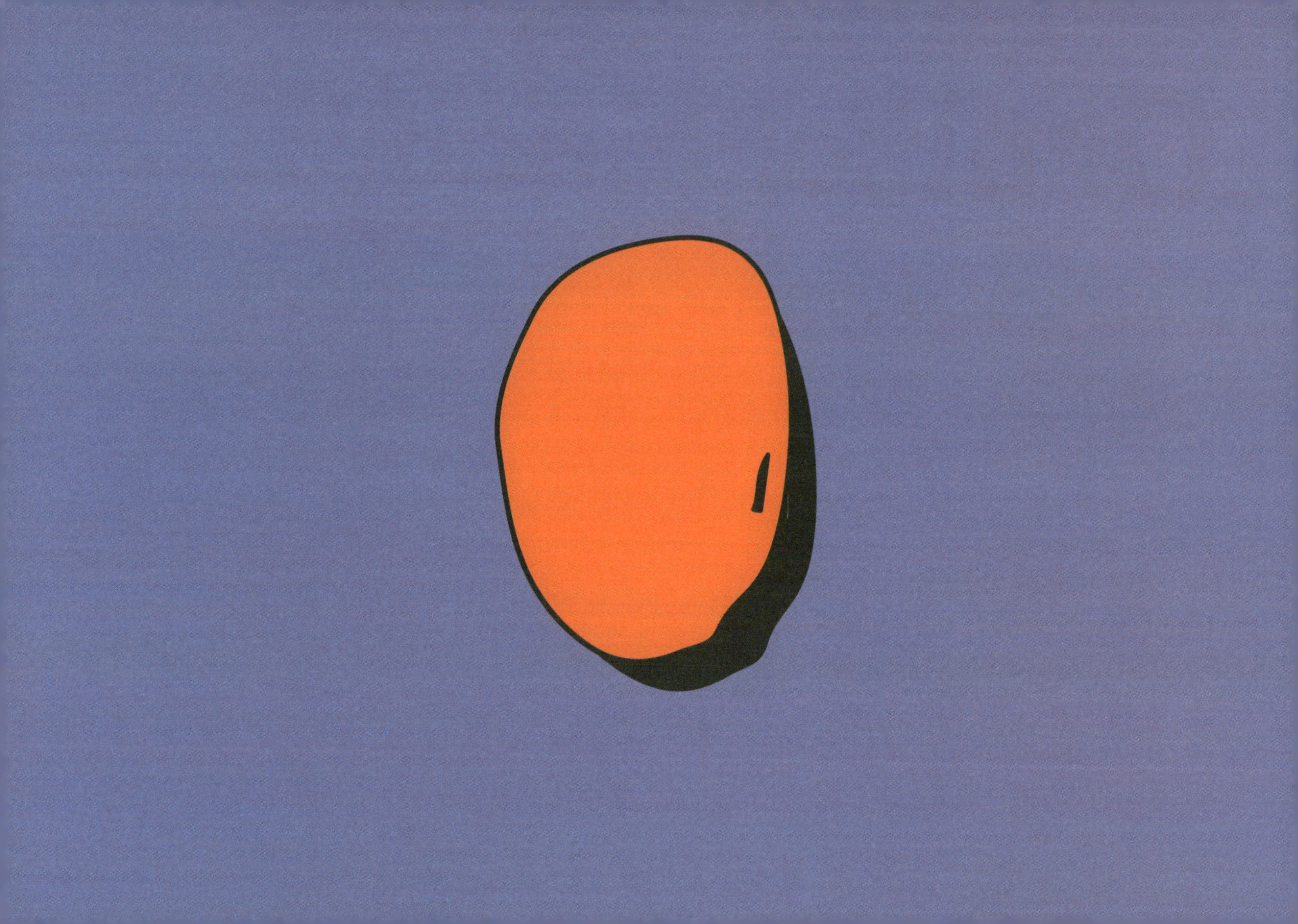

Ornitorrinco

Você sabia que, apesar de o ornitorrinco ter um bico e botar ovos, ele é um mamífero? Geralmente, ele vive em lagos e rios, e só conseguimos encontrá-lo na Austrália. O bico dele se parece com o bico de pato, assim como suas patas, que também têm membranas. Bom, você já sabe que a abelha-africanizada tem um ferrão, mas você sabia que o ornitorrinco também? É verdade! E o ferrão dele é conhecido como esporão, e apenas os machos possuem, nas patas traseiras, que são conectados a glândulas de veneno.

Assim como a cauda do castor, a do ornitorrinco também tem muitas funções: 1) armazena até metade da gordura de seu corpo para quando faltar comida; 2) os pelos servem para afastar a sujeira quando ele estiver cavando um buraco ou construindo um ninho; e 3) as fêmeas usam a cauda para segurar seus ovos. Se você assistir a um vídeo com os ornitorrincos de olhos fechados, assim como suas narinas e orelhas, não pense que ele não está fazendo nada: ele pode estar caçando! Isso acontece porque seu bico é muito sensível e consegue captar os campos elétricos gerados por todos os seres vivos.

Outra curiosidade sobre esse animal tão diferente é que os filhotes não mamam pelos mamilos, mas sim por pelos! Se você tentar achar um ornitorrinco, saiba que eles são raros, tímidos e não gostam de ficar perto de nada, nem de ninguém.

VOCÊ SABIA? O ornitorrinco é um mamífero que bota ovos

P

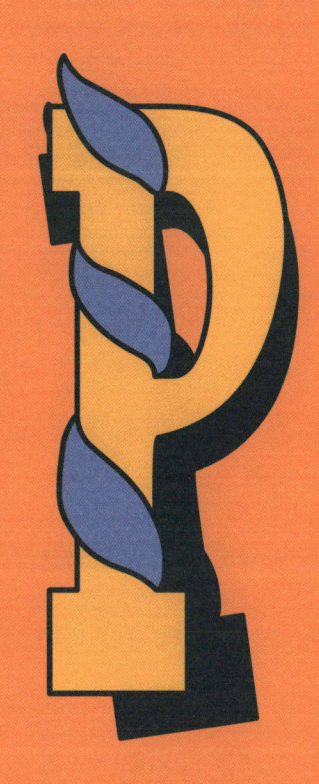

Pangolim

Sabe o Covid-19? A gente ainda não sabe direito como essa doença surgiu. Bom, os cientistas ainda estão estudando para ver se há alguma relação entre a doença e um animal chamado pangolim. Existem 8 tipos de pangolins: chinês, malaio, pangolim-do--cabo, filipino, pangolim-da-barriga-branca, indiano, gigante-terrestre e o pangolim-da--barriga-preta.

O pangolim é muito famoso e já apareceu em vários programas de televisão: na franquia *Pokémon* (Sandslash e Sandshrew), no *Animal Planet*, no *Criaturas esquisitas*, no anime *Killing Bites* e no jogo *Dota 2*.

Ele é carnívoro, mas parece um tamanduá, pois sua comida favorita são formigas e cupins. Ele tem uma língua longa, fina e grudenta, maior que seu próprio corpo, e a utiliza para pegar as formigas dentro do formigueiro ou os cupins no cupinzeiro. Por isso, ele não precisa de dentes.

Esse bicho tem uma armadura bem forte, igual a uma armadura de soldado. Quando ele se sente ameaçado, vira uma bola. A única parte da armadura que não protege o corpo dele é a barriga. E, apesar de raramente ser comido, ele tem muitos predadores querendo a carne dele. Na África, os predadores são leões, leopardos, guepardos, hienas, cachorros-africanos-selvagens, águias, crocodilos e predadores menores, como serval e caracal.

Na Ásia, ele tem alguns predadores também, como águias, leopardo-indiano e leopardo-nebuloso. Além disso, tem também os crocodilos, sendo o mais feroz do mundo o crocodilo de água salgada.

O pangolim já é raro, mas tem um bicho que faz com que ele seja mais raro ainda: o maior predador é o ser humano! O pangolim é o mamífero mais traficado do mundo, porque suas escamas têm propriedades medicinais.

VOCÊ SABIA? As escamas do pangolim têm propriedades medicinais

Petauro-de-açúcar

Você já ouviu falar do petauro-de-açúcar? Se não, não pense que ele é um bicho inofensivo. Na verdade, ele é um pequeno gigante da natureza. Esse bichinho noturno do tipo marsupial é um predador pequeno: ele come insetos, ovos, passarinhos, frutas, néctar de flores, aranhas e pequenos lagartos.

Ele tem garras afiadas para escalar as árvores mais altas e uma membrana que vai dos braços até as pernas, que faz com que ele consiga planar até 6 m de altura. Ele ainda tem uma cauda achatada para ajudá-lo no "voo". Ele pesa aproximadamente 100 g e mede cerca de 16 cm. Atualmente, o petauro-de-açúcar tem sido domesticado, ou seja, muitas pessoas o pegam como animal de estimação. Infelizmente, esse pequeno gigante está em perigo de extinção.

!

ALERTA

Este animal está
em perigo de extinção

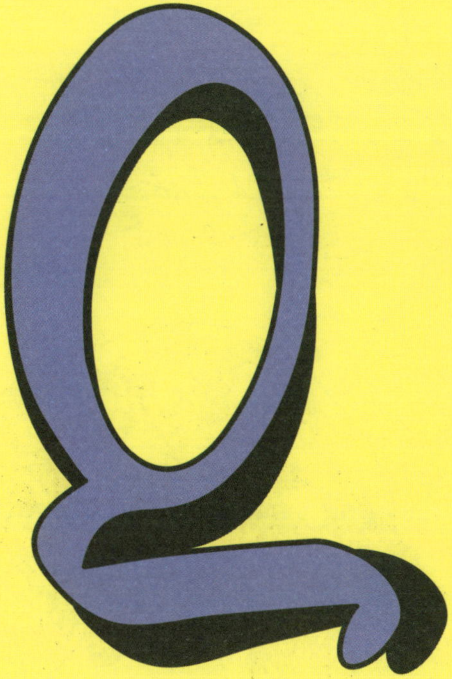
Q

ALERTA
Este animal está
em perigo de extinção

Quoll

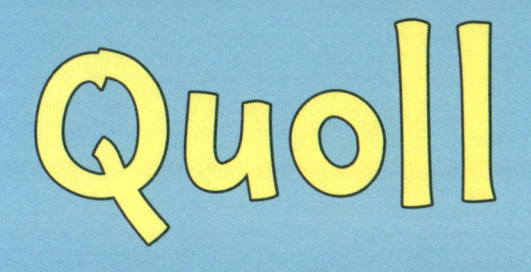

Quoll é um marsupial, parente do diabo-da-tasmânia. Ele habita a Austrália, a Tasmânia e a Nova Guiné. Existem muitos tipos de quolls, e alguns gostam de escalar árvores. Eles têm pintas e são como as zebras: parecem todos iguais, mas cada um tem seu próprio padrão.

Sabe as corujas? Elas são animais noturnos, assim como os quolls. Quando dizemos que um animal é noturno, significa que ele dorme durante o dia e fica acordado à noite.

Os quolls parecem fofinhos, assim como os petauros-de-açúcar, mas, também como eles, na verdade são carnívoros! Eles comem rãs, insetos, aves e gambás. O mais carnívoro de todos os tipos é o gato-tigre, que come presas quase maiores que ele. Tem garras afiadas, olhos gigantes para conseguir ver bem à noite e um bom olfato, que faz com que consiga cheirar a presa.

O quoll quase foi extinto, porque estava sendo caçado e virando animal de estimação. Eles ainda estão em risco de extinção e eu não quero que isso aconteça, como foi o caso do parente dele, o tigre-da-tasmânia, que foi supostamente extinto. Mas agora eles estão protegidos, e os números estão crescendo a cada dia.

R

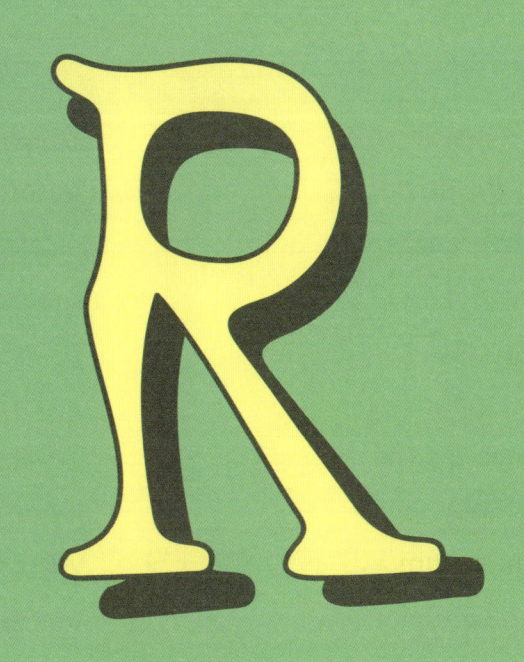

Rinoceronte

Você lembra que o elefante é o maior mamífero terrestre? Pois bem, o rinoceronte é o segundo maior. Ele tem pelos apenas na cauda e nas orelhas, e o restante do corpo tem uma pele grossa. Ele é bravo e costuma viver sozinho, apenas com seus filhotes. As fêmeas são mais bravas ainda quando estão com seus filhos, para que consigam protegê-los. Quando um filhote nasce, ele costuma ficar com sua mãe até que ela se reproduza novamente, o que leva, em média, 2 anos. Eles moram na Ásia e na África.

O rinoceronte gosta de tomar banho de lama, porque ela funciona como um repelente de insetos e refresca em dias quentes. O macho costuma marcar o território com urina e uma pilha de fezes. Apesar de ser pesado, o rinoceronte consegue se locomover bem rápido. Infelizmente, é um dos animais que mais correm perigo de extinção.

ALERTA
Este animal está
em perigo de extinção

s

Salamandra-de-fogo

Você sabia que acreditavam que a salamandra era resistente ao fogo? Ela tem esse nome porque se esconde na lenha e, quando a temperatura aumenta por conta do fogo, ela foge, parecendo que está saindo das brasas. Além disso, possui manchas amarelas ou laranjas que contribuem com essa crença.

A salamandra nasce na água, mas, quando ela fica adulta, vive na terra, assim como os sapos. A salamandra-de-fogo adulta também gosta de nadar, mas não fica na água por muito tempo, porque pode ser uma presa para muitos bichos. Geralmente, os predadores são ouriços, aves, cobras, aranhas maiores, ursos e coiotes.

Mas esse bicho tem um mecanismo de defesa para se proteger: na região do pescoço, tem um buraco de onde sai veneno. Essas glândulas tóxicas geralmente coincidem com as partes coloridas do animal, já que as salamandras costumam ser pretas, mas com algumas manchas amarelas, vermelhas ou laranja.

Há outros tipos de salamandra no mundo, como o tigre-salamandra, que é a maior da América do Norte. Tem também a salamandra-de-pintas, que tem pontos amarelos nas costas. A que consegue viver mais é o peixe-humano, que pode chegar a 100 anos!
E a maior do mundo é a salamandra-gigante-do-japão. Tem também a salamandra-marmoreada, que é cinza e prata e, na minha opinião, a mais bonita de todas!

CUIDADO! A salamandra-de-fogo é venenosa

PERIGO!
O veneno deste sapinho de 2 cm pode matar até um elefante

Sapo-ponta-de-flecha

Tem vários sapos com muitas defesas, como o sapo-tomate (que se infla para parecer maior), o sapo-voador (que plana para fugir), a rã-de-olhos-vermelhos (que tem olhos vermelhos para assustar predadores) e o sapo-cururu (que libera toxinas), mas o sapo mais perigoso de todos é o sapo-ponta-de-flecha. O veneno desse bicho é suficiente para matar até um elefante! Você pode reconhecê-lo por conta das cores que ele tem. Elas dizem para os predadores: "Eu sou venenoso! Me deixe em paz!".

O sapo venenoso tem cerca de 2 cm, em média, ou seja, ele é muito pequeno para o tanto de veneno que tem. Ele mora nas florestas tropicais da América Latina. Come insetos, ácaros e minhocas, que criam o veneno dele. Você sabe que geralmente sapos não conseguem escalar árvores... mas esse consegue!

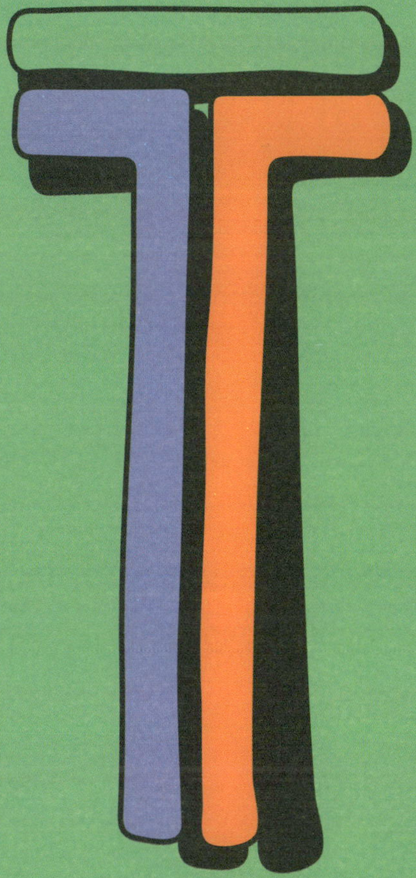
T

Társio

Esse é um primata bem raro, e quase ninguém sabe nada sobre ele. Seu nome é társio. Ele é carnívoro e um primata noturno. Os olhos são do tamanho do cérebro dele, e suas pernas são iguais às de um sapo. Esse bicho mora na Tailândia, China e Indonésia e costuma viver em árvores. Ele mede cerca de 13 cm, mas sua cauda pode ter entre 20 e 25 cm, ou seja, é maior que ele!

Além disso, pesa apenas 100 g e consegue saltar mais de 40 vezes o seu próprio tamanho. Ele tem unhas em alguns dedos, o que ajuda na escalada. É bom em ouvir sons e consegue emitir ruídos que só outros társios percebem – nem seres humanos conseguem. O társio, o lêmure e o lorinae (que são seus parentes) foram os primeiros primatas a existir.

VOCÊ SABIA? O társio pode saltar mais de 40 vezes o seu próprio tamanho

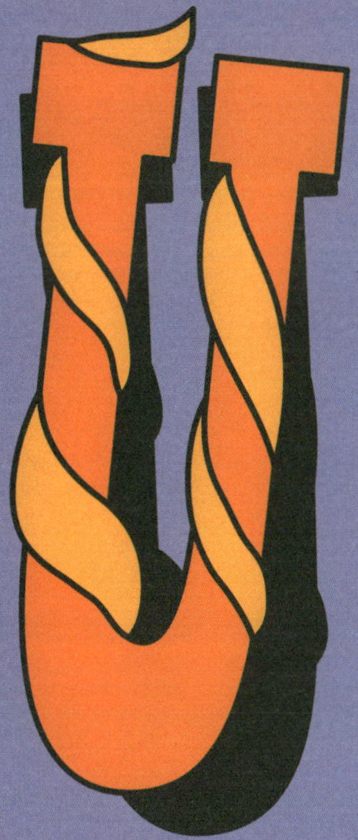
U

Unau
(e seu predador principal, a harpia)

Você sabe o que é o unau? É um bicho-preguiça de 2 dedos. O unau parece lento, como se não soubesse fazer nada, mas, na verdade, ele é o tipo de preguiça mais feroz que existe. O irmão dele, a preguiça de 3 dedos, é mais gentil, mais dócil. Já o unau gosta de ficar sozinho. Se você assistir a um vídeo de um unau escovando a cabeça dele com as garras, como se fosse um pente de cabelo, saiba que ele faz isso para se camuflar e se proteger de qualquer predador. Agora, o unau vai dormir um pouquinho, e eu vou te contar sobre o predador dele: a harpia.

Ela é uma das maiores do mundo, e a fêmea é maior que o macho. Ela tem as maiores garras de todos os tipos de raptores, entre gaviões, corujas, falcões e, claro, as águias. Dizem que as garras dela são do tamanho das de um urso. A presa favorita da harpia é o macaco e o nosso querido unau. A harpia é um parente próximo da águia-das-filipinas.

A harpia está em perigo de extinção. Imagina se nós perdêssemos essas águias, que são as mais fortes e as maiores do mundo inteiro?

Agora, de volta para o unau: ele acordou! Você sabia que alguns insetos habitam o pelo do unau? O unau e a traça têm uma relação de simbiose, ou seja, eles se ajudam a sobreviver. A traça come um pouquinho do fungo da preguiça e, assim, não deixa tantos no corpo do unau. E, ao mesmo tempo, o unau dá comida para a traça.

VOCÊ SABIA? O unau é a preguiça mais feroz que existe

VOCÊ SABIA? O urso-d'água sobreviveu às maiores extinções da história

Urso-d'água

Você sabia que existe um animal microscópico capaz de sobreviver ao congelamento e à ebulição? E consegue ficar anos sem água e depois continuar vivo? O nome dele é tardígrado, ou urso-d'água, e já foi até mandado para o espaço. Esse animal é capaz de sobreviver a condições extremas, como o calor do deserto do Saara ou o frio da Antártica. Ele também conseguiria sobreviver no local mais alto do mundo, o monte Everest, e no lugar mais profundo, a fossa das Marianas. Ele também consegue sobreviver à radiação e às condições do espaço. Ele é capaz de murchar a ponto de se tornar uma pequena bolinha. Alguns cientistas acreditam que, no futuro, os genes desse animal poderão proteger os seres vivos de raios nocivos do sol.

Mas, apesar de seus "poderes", esse animal é minúsculo. A maioria tem entre 0,3 e 0,5 mm de comprimento, mas a maior espécie pode alcançar 1,2 mm. O seu corpo é cilíndrico, possui 4 pares de patas e sua carapaça é trocada periodicamente. Ele se alimenta de musgos, algas, fungos, fluidos e bactérias. Além disso, ele também é carnívoro. Esse animal impressionante foi capaz de sobreviver às 5 principais extinções em massa na Terra.

V

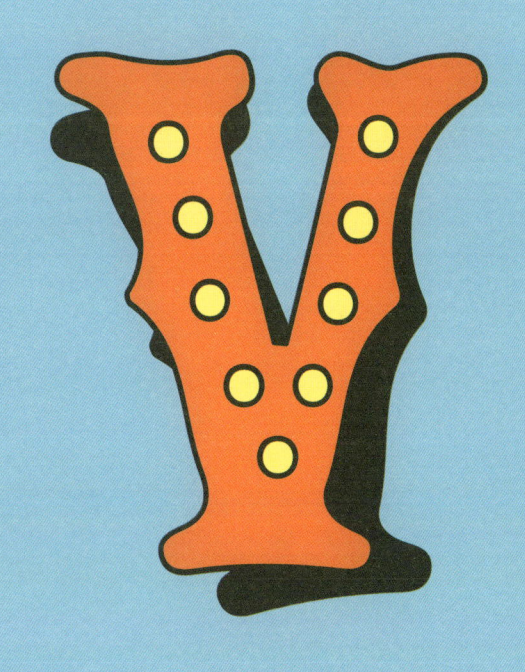

Vombate

Você sabe qual é o único animal que faz cocô em forma de cubo? É o vombate. E sabe por que ele faz isso? Os cientistas ainda estão pesquisando bastante para descobrir por qual razão isso acontece, mas uma hipótese é que o vombate geralmente vive em ambientes muito secos, por isso não ingere muita água, o que deixa seu cocô mais duro, e a pressão intestinal faz que as fezes fiquem nesse formato de cubo. Isso pode ser favorável para o vombate, pois na Áustrália, de onde eles são nativos, há muitos tipos de besouros que comem cocô. Como o cocô do vombate é utilizado para demarcar seu território – e ele pode ser bem agressivo para defender seu espaço –, sua forma de cubo impede que os besouros consigam arrastá-lo.

Embora seus dentes sejam parecidos com os dos roedores, o vombate é um marsupial. No entanto, uma diferença que o vombate tem em relação a outros marsupiais é que sua bolsa é voltada para trás. Isso acontece para não ter o risco de o filhote cair enquanto a fêmea estiver escavando.

Geralmente, ele tem hábitos noturnos, mas, se estiver frio ou nublado, pode se aventurar durante o dia. Ele também vive na neve. O vombate é herbívoro, ou seja, come gramas, ervas, cascas de árvore e raízes. O vombate pode ser bege, marrom, cinza ou preto. Todas as três espécies conhecidas de vombate medem cerca de 1 m e pesam entre 20 e 35 kg. O dingo e o diabo-da-tasmânia são os predadores do vombate. Uma de suas principais defesas é correr: ele consegue chegar a 40 km/h. Outra defesa é que suas costas são muito duras e, quando ele está dentro de sua toca e seu predador tenta puxá-lo para fora, é muito difícil, porque ele é muito forte.

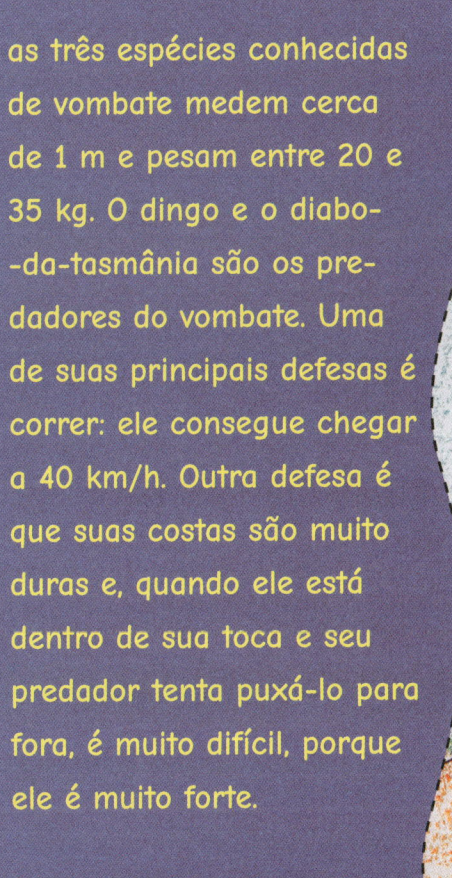

VOCÊ SABIA? O vombate faz cocô em forma de cubo

VOCÊ SABIA?
O volverine come desde ratos até alces

Volverine
(e seu predador principal, o lobo-cinzento)

Sabe o Wolverine, o herói da Marvel? Ele não existe na vida real, mas, na verdade, existe um animal com o mesmo nome, que inspirou o personagem. O volverine também é conhecido como carcaju, glutão ou urso-gambá. Ele vive nas zonas mais frias do hemisfério Norte, como Escandinávia, Canadá, Alasca e Sibéria, e algumas pessoas dizem que ele também mora no Ártico. Ele é um mamífero carnívoro e come desde pequenos ratos até alces grandes, mas pode comer vegetais também. Seus dentes são tão fortes que conseguem quebrar ossos. Quando ele come um animal, não deixa nada para trás: come os pelos, os ossos, a pele e até os cascos! Às vezes, ele rouba comida de lobos, ursos-pardos e ursos-polares. Ele pode ser bastante agressivo com outros animais selvagens e tem uma força desproporcional. O volverine pesa cerca de 30 kg e mede entre 70 e 110 cm de comprimento, excluindo a cauda, que chega a 20 cm.

Ele se parece com um urso, mas com cauda. Tem uma pelagem densa, que cria uma camada impermeável e resistente ao frio. E você sabia que ele é o maior membro da família do furão? O volverine, que pode viver até os 13 anos, é solitário e costuma viver com os pais até 2 anos de idade, aproximadamente. Agora, vamos dar um descanso para esse volverine e falar um pouco sobre o principal predador dele, o lobo-cinzento.

O lobo-cinzento é um tipo de canídeo e um sobrevivente da Era do Gelo. Os cachorros domésticos que estão vivendo agora com a gente, na verdade, vieram dos lobos!

VOCÊ SABIA?
O lobo-cinzento é um sobrevivente da Era do Gelo

Eles não se dão muito bem com humanos, e podemos perceber isso porque, a cada ano, aproximadamente 10 pessoas morrem em decorrência de ataques de lobos. Ele pode medir até 1,5 m de comprimento e ter 85 cm de altura e alcança uma velocidade média de 10 km/h, mas pode chegar a 65 km/h em uma perseguição. Além disso, o lobo-cinzento consegue correr por muito tempo sem descansar. Ele tem 42 dentes e cada um tem em média 2,5 cm.

Há muitos tipos de canídeos no mundo. Agora, vou contar alguns dos tipos para você: a feneca (raposa-do-deserto), que mora no maior deserto do mundo, o Saara; a raposa-orelhas-de-morcego, que tem orelhas gigantes para achar formigas para comer; o cachorro-do-mato, que é raramente encontrado e compartilha o território com predadores maiores, como o jaguar; a raposa-vermelha, que usa sua cauda para se esquentar no frio; o cão-selvagem-asiático, que consegue espantar um predador maior que ele; o coiote, que é adaptado em todos os lugares da América do Norte; o mabeco (cão-selvagem-africano), que gasta pouca energia, mas consegue correr até mais que um lobo-cinzento; o dingo, que é um tipo de cachorro-australiano-selvagem; o lobo-guará, que tem pernas longas como as de um alce; o lobo-etíope, que é o canídeo mais raro de todos; o lobo-do-ártico, que tem a pelagem branca para se camuflar na neve; e, por fim, o lobo-cinzento, que, na minha opinião, é o mais bonito!

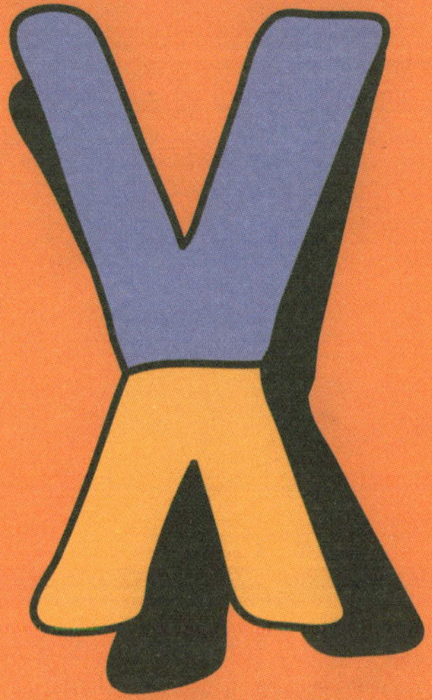
X

114

Xaréu

VOCÊ SABIA?
Quando capturado, o xaréu faz um som parecido com o dos porcos

Você sabia que existe um peixe muito brigão? O xaréu, também conhecido como cabeçudo (por conta do tamanho de sua cabeça), aracaroba, guaracema, guiará e xalerete, costuma brigar para defender seu espaço, pois ele é bastante territorialista. Além de sua cabeça enorme, o xaréu também tem olhos grandes, costuma ser azulado e, quando pequeno, pode apresentar 5 listras verticais. Ele é alvo da pesca humana, para ser utilizado para consumo, e, quando capturado, costuma emitir um som parecido com o que os porcos fazem. Um adulto pode chegar a 1,5 m de comprimento e pesar cerca de 25 kg. Em geral, o xaréu vive em pequenos cardumes, de 3 a 10 indivíduos. Isso só muda na época das migrações reprodutivas. O xaréu é uma espécie oceânica que aguenta uma grande quantidade de sal na água. Ele é bastante comum no Nordeste brasileiro e costuma se alimentar de pequenos peixes, como paratis e sardinhas, camarões e outros invertebrados. Os jovens preferem zooplânctons e crustáceos.

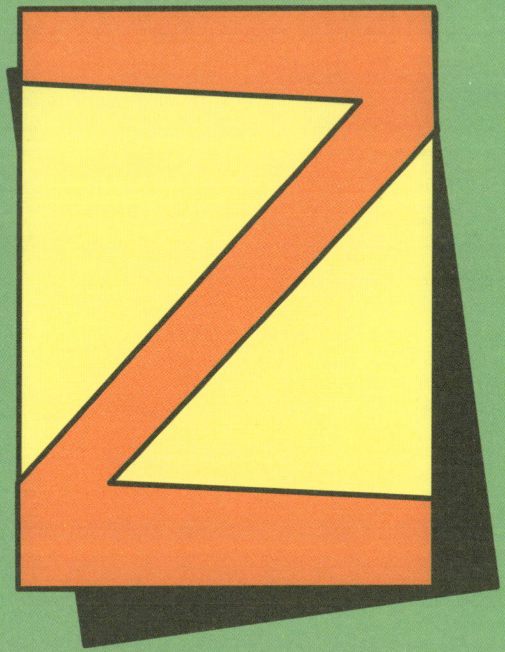
Z

Zebra

A zebra é o único equídeo que não é domesticado usualmente, diferente dos seus parentes, como o cavalo e o burro. Ela é nativa da África Central e do Sul. De modo geral, ela não está em risco de extinção, mas a zebra-das-montanhas, um dos três tipos que existem, está ameaçada. Os outros dois são a zebra-da-planície e a zebra-de-grevy. Além disso, há uma subespécie das zebras-da-planície, chamada cuaga, que foi extinta.

Você acha que as zebras são brancas com listras pretas ou pretas com listras brancas? Elas são pretas com listras brancas, embora, no passado, acreditassem que era o contrário. As tiras são geralmente verticais na cabeça, no pescoço, na parte dianteira e no corpo principal, mas são horizontais na parte de trás e nas pernas do animal. As listras da zebra são "personalizadas", ou seja, não existe uma zebra com listras iguais a outra. Essas listras têm uma função muito importante na hora de proteger esses animais, já que as zebras vivem em bando, e, quando estão juntas e em movimento, cria-se uma ilusão de que as listras estão tremendo, o que confunde o predador. As listras também são usadas para controlar a temperatura do seu corpo: a cor preta deixa o corpo mais quente, e a cor branca deixa o corpo mais frio. Assim, a temperatura corporal se equilibra. As listras das zebras vão escurecendo com a idade.

A zebra consegue correr a uma velocidade de 65 km/h. Os predadores mais comuns são os leões, as hienas, os guepardos, os leopardos e os mabecos. Os principais mecanismos de defesa das zebras são a corrida, quando está em fuga, e os coices, que podem até quebrar a mandíbula de um felino. A zebra é um animal herbívoro e se alimenta, preferencialmente, em pastagens da savana africana. Ela pode pesar até 350 kg.

VOCÊ SABIA? Zebras são pretas com listras brancas

Caro leitor, espero que você tenha gostado deste livro. E que tenha, principalmente, gostado de descobrir algumas curiosidades sobre esses animais. Aguarde minhas próximas publicações!

Sobre o autor

Max nasceu em 2012, em um dia típico de inverno: frio e com sol. Desde pequeno, adora desenhar e descobrir curiosidades sobre animais. Porém Max nunca foi de rabiscar: sempre era possível identificar os bichos que desenhava. Com a ajuda de sua família, transformou sua paixão pelo desenho em um projeto do bem: durante a pandemia da Covid-19, em 2020, Max ilustrou e vendeu milhares de máscaras, doando o dinheiro arrecadado para organizações beneficentes, como a AMPARA Silvestre, que cuida da preservação dos animais silvestres, especialmente da onça-pintada. Max também sempre gostou muito de bichos, principalmente lontras, medusas e peixes-dourados. Mas, para ele, não tem graça aprender algo novo e deixar guardado: ele gosta de compartilhar suas descobertas, ensinar a quem puder tudo que existe de interessante no mundo. Por isso, com a ajuda de sua professora de português, organizou as informações e ilustrações próprias de suas espécies favoritas e montou *Meu mundo animal*, seu primeiro livro. Com ele, Max quer incentivar as crianças a ler.

É uma honra escrever sobre o Max! Ele é um ex-aluno muito querido, divertido, inteligente, persistente e que tem um coração enorme.

Um menino que chegava na classe com um olhão de quem quer saber tudo, interessado e interessante, com perguntas que não acabavam e contribuições incríveis às aulas através de suas questões.

Em classe, estava sempre disposto e curioso e, tão ou mais importante, sempre atento aos amigos e suas necessidades, disposto a ajudá-los e acolhê-los.

Ele tem uma paixão imensa pelos animais e por saber e compartilhar tudo sobre eles! Artista nato, adora desenhar e vem se aprimorando nas artes.

Enfim, um menino lindo por dentro e por fora, multitalentoso, humilde, amigo de verdade e que adora a natureza.

Max nos presenteia com o primeiro de seus livros. Quanto orgulho!

Dona Mari Formicola
Professora de português da Escola Graduada de São Paulo

Agora é a sua vez

Assim como eu, nessa atividade, você vai poder desenhar o seu animal preferido e escrever as curiosidades mais legais sobre ele.

Depois disso, você pode tirar uma foto do seu desenho e enviar para o meu Instagram: @maxdeobraganca. Você também pode postar e me marcar. Para isso, não esqueça de pedir ajuda para um adulto, combinado?

Pegue o lápis de cor e mãos à obra!

Desenhe o animal que você escolheu

Escreva o nome do seu animal preferido (você também pode colocar o nome do seu predador)

Cite suas principais características. Por exemplo, onde ele vive? Qual o tamanho dele? Do que ele se alimenta?

Escreva a curiosidade mais legal do seu animal preferido

VOCÊ SABIA?

-- ------------------------

-- ------------------------

-- ------------------------

-- ------------------------

-- ------------------------

-- ------------------------

Atividades

AGORA QUE VOCÊ TERMINOU O LIVRO, QUE TAL TESTAR O QUE APRENDEU?

Nesta atividade, você vai precisar adivinhar quais são os animais que eu citei ao longo do livro de acordo com suas características.

Preparado? Então vamos nessa!

1
Qual é a maior ave viva do mundo?

2
Quem enche o estômago de água e vira algo parecido com um balão quando está com medo?

3
Quem tem um chifre e pode mergulhar em grandes profundidades?

4
Quem bota ovos mas é considerado mamífero?
_____

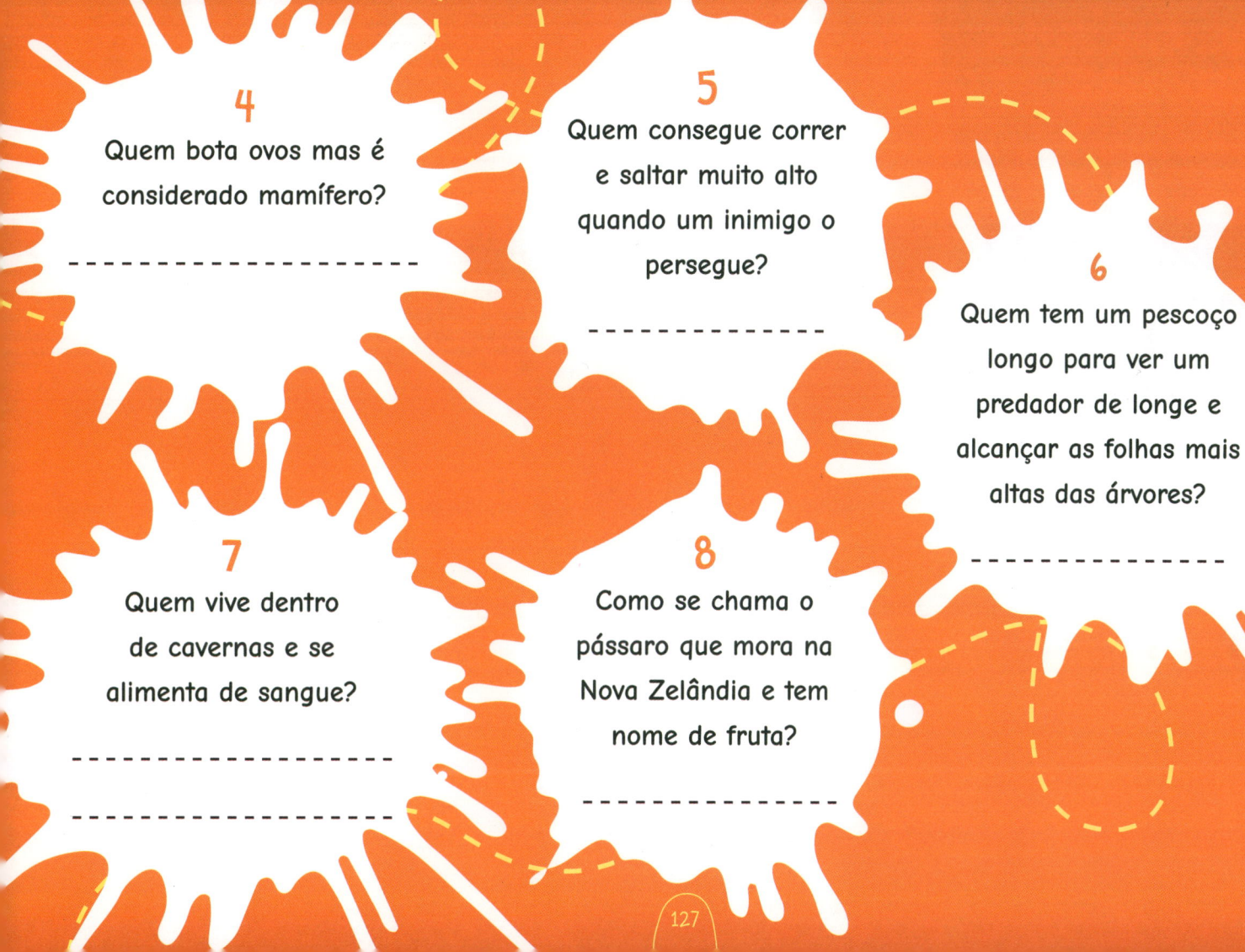

5
Quem consegue correr e saltar muito alto quando um inimigo o persegue?
_____

6
Quem tem um pescoço longo para ver um predador de longe e alcançar as folhas mais altas das árvores?
_____

7
Quem vive dentro de cavernas e se alimenta de sangue?
_____
_____

8
Como se chama o pássaro que mora na Nova Zelândia e tem nome de fruta?
_____

Respostas

(páginas 126 e 127):

1. Avestruz
2. Baiacu
3. Narval
4. Ornitorrinco
5. Coelho
6. Girafa
7. Morcego-vampiro
8. Kiwi

Esta obra foi composta por Maquinaria Editorial nas famílias tipográficas Comic Neue e Chaloops.

Capa em papel Couche Brilho LD 150g/m² – Miolo em Offset 90g/m². Impresso pela gráfica Exklusiva em novembro de 2021.